家设计
自然主义乐活家

业之峰装饰 编

HOME DESIGN

辽宁科学技术出版社
·沈阳·

《家设计》编委会

名誉主编:张 仁
主 编:张 钧 姚凤鸣
编 委:侯舒信 赵 友 郭文宇 梁会敏 郭媛媛 吴剑燊

图书在版编目(CIP)数据

家设计. 自然主义乐活家 / 业之峰装饰编. — 沈阳:
辽宁科学技术出版社, 2017.10
  ISBN 978-7-5591-0430-4

  Ⅰ . ①家… Ⅱ . ①业… Ⅲ . ①住宅-室内装饰设
计-图集 Ⅳ . ①TU241-64

  中国版本图书馆CIP数据核字(2017)第236095号

出版发行:辽宁科学技术出版社
        (地址:沈阳市和平区十一纬路25号 邮编:110003)
印 刷 者:沈阳市精华印刷有限公司
经 销 者:各地新华书店
幅面尺寸:210mm×285mm
印 张:6
字 数:150千字
出版时间:2017年10月第1版
印刷时间:2017年10月第1次印刷
责任编辑:赵淑新
策划编辑:于 倩
责任校对:王玉宝
封面设计:云琦菲 郭媛媛
版式设计:高 慧 赵志超

书 号:ISBN 978-7-5591-0430-4
定 价:26.00元

联系电话:024-23280258
邮购热线:024-23284502
E-mail:758517703@qq.com
http://www.lnkj.com.cn

这仿佛形成一个规律：科技越是发达，社会越是进步，我们的生活距离自然就越远。因此，伴随着科技飞速的进步，尘世中生活的人们贴近自然的欲望越发强烈，同时声音也越来越响亮：贴近自然。

迅猛发展的科技在极大地改善和提高物质生活水平的同时，也给我们带来了原本不曾预料的困惑：物质文明成果所带来的一切并非契合我们最初的渴望，"异化"成为物质文明极大丰富后的一个普遍现象。"贴近自然"决非一个空洞的口号，而是现实社会的人们在承受了现代文明洗礼之后的必然选择。

在室内设计中充分体现贴近自然的愿望，也是人们在这方面所做的努力。有了自然元素注入的空间能使生活增添不少的趣味性，它给人们提供释放压力的场所，成为人们内心最初的自然梦想和自然境界的集合体。通过自然主义设计风格的体现，将人与自然的距离拉近，从而使得两者和谐共存。

自然主义风格在遵循自然主义原则的基础上，在空间环境设计中体现环保节能，少进行装修破坏，减少污染浪费，以追求室内外环境个性的自然和谐与创新的装饰效果为最终目标。它的创新之处在于：既强调使用天然、地域化的材料，简单的结构体系，又追求与周围环境和谐相处，营造自然、自由的空间。

树叶的纹理、溪水的波纹、随风摇曳的鲜花……这些在大自然中无处不在的景象，在善于发现美的设计师眼中却可以变幻出无穷的状态和组合。把自然元素运用到设计作品中，不是简单地在室内放置花草，也不是自然纹理材料的堆砌，如何将大自然丰富多彩的元素抽象，并且与室内设计完美地融合，设计师们各有各的技巧。

如果你想营造自然美家，也许我们能为你带来一丝启示，为居家带来完美心情。

《家设计》编辑部
2017.10

TIKKURILA
芬琳漆

Beyond paint™
since 1862

芬兰原装进口
尊享北欧环保体验

CONTENTS

Naturalist LOHAS

CONTENTS

家居流行新风尚

这三大风格将会受到更多人的青睐。

的因素。我们大胆预测：『雅致主义』、『多元风格』和『极简主义』

为『家』而装修，设计应该在有限的空间里多考虑个人的精神与情感

其实无论风格如何多变，家庭装修最终要回归本质，为『人』、

化。

家居风格经过多年的发展，家居概念亦随着社会潮流有很大变

雅致主义 ◂◂◂◂

解读雅致主义风格

雅致主义风格带有强烈的文化标记,它打破了现代主义的造型形式和装饰手法,注重线型的搭配和颜色的协调,注重文脉,追求人情味。在造型设计的构图理论中吸取其他艺术或自然科学的元素,把传统的构件通过重新组合出现在新的情境之中,追求品味和谐的色彩搭配,反对强烈的色彩反差和重金属味道。

雅致主义风格特点

1. 雅致可以是简约的、简化的线条、自然的材质,却没有伪简约的呆板和单调;

2. 雅致可以是古典的,但却少了烦琐和严肃,给人以庄重和恬静之感;

3. 雅致主义注重材料品质和装饰的细节。那些经过涂饰和抛光的木材、有着富丽温馨的色彩和华美的织物,让生活的氛围充满温馨,更凸显出主人对生活品质的追求。

雅致主义适用人群

成熟、稳健、优雅,追求内在的人群。他们生性温和,喜欢情调,消费观时尚成熟。

多元风格 ◀◀◀◀

解读多元风格

随着置业频率的增加，人们视野的开阔以及对生活、生活方式的充分理解，在居室设计上，也呈现出不同以往的趋势。当单一风格居室设计的弊端和不足不断显现的时候，越来越多的设计师开始根据房主的自身要求，重新审视家居设计。风格的融合在体现设计多元化的同时，也从另一方面诠释了人们对不同生活层面的理解。

多元风格特点

1. 在古典风格中加入现代元素，让整个空间更显活力；或是在中式风格的环境中添加欧式元素，成就更加舒适的生活，正逐渐被人们所接受。

2. 消费者可以更充分更自由地去享受家居设计，让多元文化碰撞出火花，从而产生出各类"融合"的设计。

3. "融合"的家装风格，无论是色彩搭配上，还是风格的选择上，尽量以一到两种为主，不要太多。

多元风格适用人群

热爱生活、注重设计、对风格有着独特的理解，且消费实力雄厚的人群。

极简主义 ◂◂◂◂

解读极简主义风格

现代家居已经不崇尚繁复纷杂的设计，极简的概念日渐风行。所谓极简主义的室内设计风格，最开始是一种艺术派系，后来逐渐延伸成一种建筑风格和室内设计风格。为了达到人们对空间的潜在要求，极简主义主张减少创作设计的步骤，在室内留下足够的"灰空间"，运用硬朗、冷峻的线条，力求从视觉感官上体现简约、纯粹、高雅的风格。

极简主义的特色

1. 极简主义的简，从硬装上可以一目了然。四面的白墙，几乎不做任何处理，没有复杂的吊顶，没有炫目的背景墙，但通过灯光的处理，很好地分割出各个功能区域。

2. 极简主义室内设计不仅仅是否决、减少和净化，而是化繁为简，去掉一些多余的元素，感受空间的纯净和自由。

3. 极简主义者对自然光有着强烈的偏好，光线在空间中穿梭，随着昼夜的变化而变化，散发出不同角度和强度的光晕，带走空洞和呆板。

极简主义适合人群

追求极致、不喜束缚、向往自由，对品质有着极高追求的人群。

定义
完美优雅
餐厅

很多人有这样的想法：在空间设计中，用餐空间和会客空间要交叉、交融，所以餐厅也需要有像样的装修来"应对"宾客。其实，这种想法已经不太实用了。快节奏的都市生活以及对私密性的越发重视，使在家招待朋友就餐的机会变得是微乎其微了。用餐空间，绝大部分还是和家人联络感情、交流沟通之地。所以，餐厅空间不必与会客空间"看齐"，也能别有洞天。

优雅餐厅设计九个要素

1. 顶面

应以素雅、洁净的材料做装饰，如漆、局部木制、金属等，并用合适的灯具作衬托，有时可适当降低吊顶，营造亲切感。

2. 墙面

齐腰位置考虑使用耐磨的材料，如木饰、玻璃、镜子做局部护墙处理，不仅能营造出一种清新、优雅的氛围，更给人以宽敞感。

3. 地面

选用表面光洁、易清洁的材料，如大理石、地砖、地板；如果想要营造时尚感，可以局部使用玻璃并加上光源，更添浪漫气息。

4. 餐桌

　　方桌、圆桌、折叠桌、不规则形桌，不同的桌子造型给人的感受也不同。方桌感觉规正，圆桌感觉亲近，折叠桌灵活方便，不规则形桌更突显变化。

　　餐台不必追求豪华气派。餐厅应舒适合宜、利于增进胃口，用餐本身具有交流的含义，应该是随意、亲密的环境。餐桌的大小要与环境相称，桌面应是耐热、耐磨的材料，餐桌椅的高度配合须适当，避免使用过高或过矮的餐椅。

5. 灯具

　　灯具造型不必很烦琐，但要亮度足够。可以安装方便实用的上下拉动式灯具，可把灯具位置降低；也可以用发光孔，通过柔和光线，既限定空间，又可获得亲切的光感。

6. 照明

餐桌上的照明以吊灯为佳，当然也可选择嵌于天花板上的照明灯。餐厅的灯光一定要柔和，才能增加用餐的温馨气氛。餐厅的灯光应以白炽灯为主，并使用可调节灯光亮度的灯掣，让灯光保持强性。此外应注意安装的位置不可直接照射在用餐者的头部，这样既不雅观，也会影响用餐心情。

7. 绿化

餐厅可以在角落摆放一株你喜欢的绿色植物，在竖向空间上加以点缀。餐厅植物在摆放时要注意：植物的生长状况要良好，形状应低矮，才不会妨碍相对而坐的人进行交流。适宜摆放的植物有番红花、仙客来、四季秋海棠、常春藤等，但在餐厅里，要避免摆设气味过于浓烈的植物。

8. 装饰

　　软装饰最适合餐厅，可根据餐厅的具体情况灵活安排，用以点缀环境，但要注意不可过多而喧宾夺主，让餐厅显得杂乱无章。食品写生、欢宴场景或意境悠闲的风景画非常适合餐厅的环境，当然各种仿真的鲜果装饰也有着同样的效果；镶嵌在墙上或餐具柜上的镜子，能够反射出食物及餐桌，还可延伸空间，是餐厅中非常好的立面装饰。

9. 颜色

　　餐厅宜用亮色装饰。餐厅是进食的区域,所以跟家庭的财富大有
关系,因为亮色的装潢和明亮的照明可以带来能量。墙壁的颜色应以
素雅为主,可以配合家具选用一些明快清朗的色调,增加温馨感的同
时,又能提高进餐者的兴致。

对于小户型的家庭，可以根据以下三种方式布置餐厅

1. 共用式

    不少小户型家居，客厅或门厅都兼餐厅的功能。这样的格局，用餐区的位置靠近厨房或客厅最为适当，可以缩短上菜以及就座的线路，也可避免食物、菜汤弄脏地板。

    就餐区与会客区可以用壁式家具做闭合式分隔，也可以用屏风、花槅做半开放式的分隔。但需要注意不妨碍通行，并且与会客区在风格上保持协调统一。

2. 独立式

独立式餐厅是装修布置最理想的布局。餐厅装修要求是便捷卫生、安静舒适，照明应集中在餐桌上面，光线柔和，色彩应素雅，墙壁上可适当挂些风景画、装饰画等，餐厅位置应靠近厨房。

需要注意餐桌、椅、柜的摆放与布置须与餐厅的空间相结合，如狭长的餐厅可在靠墙或窗的一边放一长餐桌，桌子另一侧摆上椅子，这样空间会显得大一些；方形或圆形餐厅，可选用圆形或方形餐桌，居中放置。

3. 开放式

开放式就是开放式的厨房与餐厅合在一起。这样上菜速度就可以加快，也能充分利用空间，是一种较为实用的餐厅装修布置。

需要注意的是，餐厅装修布置不能干扰到厨房的烹饪，也不能破坏就餐的气氛。尽量在厨房与餐厅之间设置隔断或使餐桌布置远离厨具，餐桌上方的照明灯具应该突出一种隐形的分隔感。

水电材料
常见疑难解析

电改材料常见问题

电线为什么一定要套在 PVC 电线套管里?

　　电线外层的塑料绝缘皮长时间使用后，塑料皮会老化开裂，绝缘性能大大下降。当墙体受潮或者电线负载过大和短路时，更易加速绝缘皮层的损坏，这样就很容易大面积漏电，导致线与线、线与地有部分电流通过，危及人身安全。漏泄的电流在注入地面途中，如遇电阻较大的部位，会产生局部高温，致使附近的可燃物着火，引发火灾。如果将电线直接埋入墙体内也不利于线路检修和维护。所以在施工时必须将电线穿入 PVC 电线套管，这样才能从根本上杜绝安全隐患，方便日后维修。

插座、开关应设多高?

　　在家庭装修中，所有房间的各种插座要保持在同一水平上，一般距地面 300mm；当家中有小孩且没有采用安全插座时，安装高度应不小于 1.8m；开关应放置在进屋最容易发现处，高度一般为 1.5~1.7m，所有房间的开关也应保持在同一水平高度。暗装的开关面板应紧贴墙面，四周无缝隙，安装牢固，表面光滑整洁，无碎裂、划伤，装饰帽齐全。

线管拐弯处可以不用弯头吗？

在家庭施工过程中，常常有些工人在电路施工中偷工减料，在线管拐弯处不用弯头。这样施工虽然简单便捷，但是在后期的使用过程中，一旦出现电线损坏的问题，就很难将原有电线抽出来进行更换，必须进行局部二次装修，这样既不美观，又会产生更多的费用。

安装灯具可以用木楔吗？

一般来讲，最好不要用木楔来安装灯具，因为木楔经过一段时间的使用后，会出现脱落、脱钉等问题，有可能造成安全事故。安装灯具的时候，最好使用金属膨胀螺栓或胀塞。

电改造工程是如何报价的？

电改造工程计算方法可以是以位计算、以米计算甚至以整个项目计算，但相对来说以位计算是最科学合理的，也是目前最为主流的计算方法。各个公司的计算方法有所不同，但大体是一个开关或一个插座算一位，空调、有线电视、网线、电话的插座或接口也是按位计算的，但价格相对开关、插座要高一些。

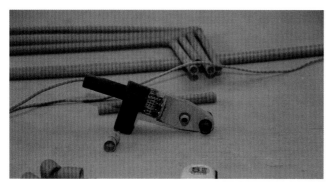

水改材料常见问题

什么是水装修？

    水装修是指通过专门的水处理设备除去自来水中的氯、泥沙、细菌、重金属，但又保留水中必需的有益成分，通过改造水质达到优质饮水和优质用水的标准。目前国内不少地区的水源污染比较严重，低劣的水质或入户供水的二次污染是导致各种疾患的重要原因之一，因而这种能够净化水的设备日益受到人们的欢迎。

为什么有些新房刚入住就出现下水道堵塞？

    下水道堵塞有很多原因，对于水路施工而言，一定要特别注意防止下水道堵塞。在施工前，必须对下水口、地漏做好封闭保护，防止水泥、砂浆等杂物进入，不能图省事，将尘土或者大块垃圾、杂物敲碎后顺着下水道倾倒。水泥、砂浆一旦堵塞通道，极难清理。为避免这个问题，在水路施工完毕后，业主应将所有的水盆、面盆和浴缸注满水后放水，看下水是否通畅，管路是否有渗漏的问题。

铺设 PPR 管时要注意些什么？

PPR 管的安装应横平竖直，管线不得靠近电源，与电源最短直线距离不得小于 200mm。管线与卫生器具的连接应严密，经通水试验后应保证无渗漏，如果漏水就必须重新做防水。

如何做好阳台防水？

不少业主家里的阳台水池都会出现漏水的问题，这个问题大多都是因为施工不规范造成的。做阳台防水的时候，要确保地面形成一定坡度，低的一边为通畅的排水口，阳台和与之相连的室内至少要有 20~30mm 的高度差，防水层一般要做 5mm 厚。

这才是
打开室内装修中过道
走廊的正确方式！

现在大多数的房屋户型设计，卧室多数并联在一起，由一段走廊串联起客厅、卧室、洗浴间。装修的时候，大家会花很多心思去布置客厅、卧室、餐厅，却容易忽视走廊。其实中国人的住宅大多进门就是入户走廊，装饰优雅得体的走廊可以给人留下很好的印象。

如何设计光线阴暗的走廊？

对一些朝向较差、采光不佳的走廊，可以通过改造墙面的方法来弥补。如将走廊的墙面换成玻璃墙或镶嵌上暗花纹路的琉璃，这样既可以增加墙面的装饰性，又能起到延伸视觉效果的作用，让走廊显得比较宽敞，并且玻璃墙面的透光性还能增加过道的采光，一举两得。

如何设计狭长走廊？

狭长走廊会让人产生压抑感。在装修时，要注意以下几点：

1. 走廊切不要摆放或装饰太多的物品，东西越多越显得狭小拥挤。

2. 地砖花纹最好是横向排布，若铺木地板，木纹最好也要横向铺设。

3. 吊顶以横向为佳，以加强空间的视觉效果。

4. 墙面的颜色可以选冷色系，因为冷色系有收缩的感觉，而浓烈鲜艳的颜色有膨胀感，显得空间更受挤压。

5. 可以在走廊处根据具体情况做三四个竖条镜子，既能产生扩大空间视觉的效果，又可以兼作出门前的穿衣整理镜。

如何设计窄长过道的吊顶？

如果走廊比较窄长，走廊顶上两边有压下来横梁的情况，可以通过吊顶装饰来弱化过道较长的缺点。

例如，带有半圆造型的吊顶，可以让过道空间活跃起来，更有动感和立体感，并且使过道看起来不那么狭长。顶面可以涂上蓝色的乳胶漆，与白色的墙面相搭配，给人一种清新自然的感觉。

吊顶造型内可以安装隐藏式灯带及射灯，根据业主的需求而独立打开，有效解决走廊阴暗的缺陷。

如何设计走廊的墙面？

一般情况下，墙面最能反映走廊的美观程度，设计时更要花一番心思。

1. 设计走廊的墙面，建议采用与居室颜色相同的乳胶漆或墙纸。

2. 如果走廊连接的两个空间色彩不同，原则上走廊墙面的色彩宜与面积大的空间相同。

3. 走廊的墙面可以悬挂风格突出的装饰画或是挂饰，甚至可以挖出凹形装饰框，放置不同的饰品，然后再加强局部照明，能很好地解决墙面呆板的问题。

4. 如果墙体面积较大，可设置镜面来扩充视觉空间。

如何设计走廊的端景？

端景通常是指走廊尽头墙面的装饰方式，端景的巧妙设计可以改变过道的氛围，掩盖原有空间的不足。

端景可以是一幅美丽的画，也可以是一件别致的饰品，或是设计师独具匠心的原创作品，做法通常有以下两种：

1. 简单的做法是在墙面悬挂一幅大小适宜的装饰画，前方摆设装饰几或装饰柜，上方摆设花瓶或是工艺品。

2. 先将墙面整体进行造型设计，再选择落地式的大花瓶，插上鲜花或干枝，或直接做出一体式的装饰台面，将饰品放在上面。

如何设计走廊的照片?

一些小户型中连通客厅和卧室或是卫浴间的走廊往往远离窗户,导致过道内的光线不佳,所以在照片设计上要注意一定的技巧。

一般可以通过光线柔和的照片进行调节,不要大量使用射灯,因为射灯的效果是重点强调某一物品,用在走廊里过于刺眼。如考虑到夜间的使用效果,可以将光源开口朝上,使灯光经顶面反射下来,这种光源发出的光在空间中会分布得均匀柔和,夜晚经过走廊时,就不会因为光线过于强烈而感到不适。

如何设计走廊的收纳？

  走廊收纳有一个前提条件：布置后的走廊必须有一个通畅的行走空间，这样从外部望去，两侧应无突出之物。否则，不仅让人感觉压抑，而且也影响实用功能。

  设计走廊收纳有两个技巧：

  一是在布置走廊两侧的收纳家具时，最好以凹嵌式为主，其外缘应与相邻的墙面平行。

  二是设置在走廊入口处的家具最好以展示功能为主，具有收纳功能的家具建议放在中间部位。

整体卫浴正当时

INTEGRAL BATHROOM

整体卫浴，是用一体化防水底盘或浴缸和防水底盘组合、墙板、顶板构成的整体框架，配上各种功能洁具形成的独立卫生间单元。其采用工厂化预制、部件化安装的模式，能大大提高施工效率与建筑成本。整体卫浴的概念来源于日本，说起来可以追溯到 1964 年的东京奥运会，为保证高品质、快速完成大量运动员公寓建造，日本人发明了可以现场装配的整体卫浴。这种新型的工业模块化产品，以其众多优点，很快便得以大量的配套应用。

但直到 20 世纪 90 年代，整体卫浴才渐渐"舶"入国内家装市场。随着精装修住宅越来越普及，以及产业化、低碳环保住宅的国家政策相继出台，国内的酒店、医院、船舶、快装房已大量使用了整体卫浴。

整体卫浴有一个整体性的模压底盘，这种一体化的防水底盘不需要再做任何防水措施，而且整体卫浴在有限的空间内合理完美地实现了多种独立卫生单元的组合。传统泥水匠贴瓷片做浴室的方式不仅需要做好防水措施，而且单项卫浴用品相互拼凑也容易导致与整个格局格格不入，因此，传统的卫浴与这种先进的工艺技术相比就相形见绌了。

整体卫浴的设计理念

整体卫浴的优点

整体卫浴在结构设计上追求最有效地利用空间，不管是什么尺寸的房间，都有着相应的整体卫生间可供选择。整体卫浴将空间完美结合了起来，整体卫浴间的浴缸与底板都是一体的，没有任何的拼接缝隙，因而从根本上化解了传统卫生间地面易渗漏水的问题。在整体卫浴中，合理的布局与精致的设计相辅相成，它不再是单项卫浴产品互相的拼凑，更加地趋向于人性化设计。

1. 整体卫浴有着无渗漏的得天独厚的优点，这一点是传统卫浴不能比拟的。

2. 整体卫浴的结构非常牢固可靠，它与建筑的构架分开独立为一体，实现了良好的负重支撑。

3. 整体卫浴的安装非常简便，因为是整体结构，所以可以直接将其底盘放在基层上固定，一方面缩短了施工工期；另一方面简洁了卫浴安装的各个环节。

4. 整体卫浴是不需要做防水的，而传统卫浴必须做防水，防水做不好还会引发各种渗漏问题。整体卫浴采用的是一体式排水地漏，因此只需连接排水管就可以了。

整体卫浴，比传统卫浴强在哪儿？

1. 耐用度

整体卫浴：采用 SMC 材料，这是一种航空材料，重量不到瓷砖的五分之一，但强度却大大优于瓷砖，不会开裂、变形、脱落。轻巧、坚韧、耐用是它的优势，使用寿命长达 20 年。同时，SMC 材料甲醛释放标准达到 E0 标准等级，完全符合现代家庭对环保的需求。

2. 使用安全性

整体卫浴：SMC 材料有一定的弹性，并且整体卫浴采用架空结构层，防水底盘与地面间形成空气层，能有效缓冲撞击。

传统卫浴：使用的建材大多比较坚硬，如果防滑措施不到位很可能导致摔伤。

3. 防漏性

整体卫浴：通常由数控机床一次成型，精度高，稳固性好，杜绝了人工造成的空鼓、对缝不齐等质量问题，保证了浑然一体的美观效果和稳定性，也杜绝了传统卫浴漏水的隐患。

传统卫浴：传统浴室地板易渗漏，墙体也易渗漏，从而发生霉变；由泥水匠用传统手工方式砌成，无法杜绝浴室渗漏的问题。

4. 保暖性

整体卫浴：SMC 材料具有隔热保温性能，肤感亲切。冬天保温，夏天隔热。

传统卫浴：使用的装修材料隔热性能和保温性能差，热量容易流失，需另外配置浴霸等采暖设施。

5. 工业化效率

整体卫浴：施工流程划分为三大阶段：施工准备、组装过程和收尾工作。整体浴室采用干法施工，一般只需要两个工人大约 4 小时就能完成组装，大大缩短了施工周期。

传统卫浴：各卫浴配件相互独立，装修复杂度和成本偏高，安装一般需要跨越多个工种，而且耗时长。

泥水材料
常见疑难解析

1. 瓷砖空鼓现象如何解决？

　　空鼓是瓷砖施工中常见的难题，形成空鼓的原因有很多，但多数是因为基层和水泥砂浆层黏结不牢造成的。解决瓷砖空鼓问题必须按施工要求规范施工，在施工中需注意基层和饰面砖的表面清理，同时瓷砖铺贴前必须充分浸水湿润，不过必须注意正确的水泥和砂的比例。

2. 釉面砖龟裂是什么原因造成的？

    釉面砖是由坯体和釉面两层构成的，龟裂产生的根本原因是由于坯层与釉面间的热膨胀系数之间的差别造成的。通常釉面层比坯层的热膨胀系数大，当冷却时釉面层的收缩大于坯体，釉层会受到坯体的拉伸应力，当拉伸应力大于釉层所有承受的极限强度时，就会产生龟裂现象。

3. 背渗是什么原因造成的？

    每种砖都有一定的吸水率，质量越好的砖吸水率越低，如果砖的吸水率过高，说明砖的质地不够细密；当这些吸水率高、质地粗疏的瓷砖铺于水泥砂浆之上时，水泥的污水会渗透到砖的表面，从而造成背渗现象。所以在选购瓷砖时要特别注意瓷砖的吸水率高低，吸水率越低越好。

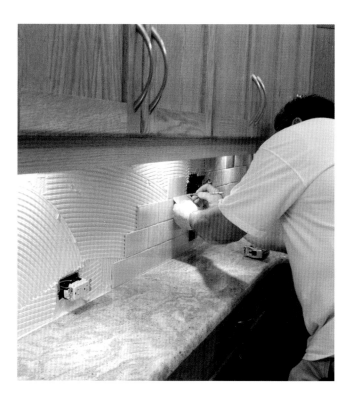

4. 如何处理油漆起泡、流淌、出现裂纹等现象?

发现油漆起泡之后,先将泡刺破,看是否有水冒出,如果有水冒出,说明是因为漆层底下或背后有潮气渗入,经太阳晒而水分蒸发成蒸汽,把漆皮顶起形成了气泡。此时,可以先用热风喷枪除去起泡的油漆,让木料自然干燥,然后刷上底漆,最后在整个修补面上重新上漆。

若泡中无水,则说明是木纹开裂,内有少量空气,经太阳晒后空气膨胀造成了漆皮鼓起。这种情况下应先刮掉起泡的漆皮,再用树脂料填平裂纹,然后重新上漆;或者不用填料,在刮去漆皮后,直接涂上微孔漆即可。

油漆出现裂纹时,则需要化学除漆剂或热风喷枪将漆除去,再重新上漆。若裂纹不大,可先用砂磨块或干湿两用砂纸磨去断裂的油漆,将表面打磨光滑之后,抹上腻子,刷上底漆,再重新上漆。

油漆出现流淌现象往往是因为油漆一次刷得太厚。如油漆还未干,可用刷子把漆刷干;若油漆已经变干,则要待其干透,用细砂纸把漆面打磨平滑并将表面刷干净后,再用湿布擦净,重新上外层漆。

5. 墙面受潮发霉如何解决?

为了防止墙面受潮发霉,可先在墙面上涂抗渗液,使墙面形成无色透明的防水胶膜层,防止外来水分的浸入,保持墙面干燥,然后就可以进行墙面装饰了。

一旦发现墙面受潮发霉,可先用干牙刷将霉渍刷掉,再用软布蘸精轻轻抹擦,这样就可以使墙壁干燥,防止霉菌滋生了。另外,可选用防水性较好的多彩内墙涂料进行处理,具体施工方法为:首先,让受潮的墙面干燥一至两个月,然后在墙体上刷一层拌水泥的避水浆,以起到防潮的作用;接着,用石膏腻子填平墙面凹坑、麻面,然后满刮腻子,待腻子干燥后用砂纸将墙面磨平,重复两次并清扫干净;最后,在干燥、清洁的墙面上将底层涂料用涂料滚筒涂两遍,或直接喷涂。

6. 瓷砖贴上墙后为什么会变色?

一些瓷砖铺贴上墙后颜色发生变化,很有可能是因为瓷砖质量差,釉面过薄,也可能是由于施工方法不当。

铺贴瓷砖前应严格选用材料,避免购买到假冒伪劣的瓷砖;浸泡砖块时应使用干净的水,用于粘贴的水泥砂浆也应使用干净的水泥和砂。铺贴瓷砖时,业主应要求施工人员随时清理砖面上残留的水泥砂浆。如果瓷砖整体颜色变化比较大,严重影响墙面的装饰效果,就必须予以拆除,重新铺贴。

设计改变生活

读懂生活，设计生活

> " 目前很多房屋的装饰风格还遵循着多年以前的套路，时过境迁，现在的生活方式、审美情趣都发生了较大的改变，而与我们朝夕相处的家，也在悄然发生着蜕变。设计师作为家装的总规划师，不仅要满足业主的生活需求，还要用自己的努力与才华为业主营造一个温馨、舒适的家。好的空间作品如同叙述着一个动听的故事，深深地刻写在阅读者的心里。充满艺术气息的家体现的是一种生活态度，表达的是一种高尚的美学，这种美学所流露出的优雅与惬意使空间更为平衡和持久。 "

尼万猛 / 高级设计师
业之峰装饰北京分公司

主要作品：

独墅逸致、龙湾别墅、凤凰城、东湖湾、西山华府、裘马都、顺驰蓝调国际公馆、玉泉新城等。

案例信息：

工程地址：北京
户型：四室两厅一厨三卫
面积：209m²
家庭成员：两口之家
设计风格：现代简约风格
主要材料：乳胶漆、瓷砖、木地板、大理石等

客户要求：

　　本案的建筑面积为209m2，目前居住者只有夫妻二人，所以空间上非常充裕，足以满足他们对各项居家功能的需求。

　　在呈现的效果上，二人不喜欢繁复和堆砌，一致认同清爽利落、简单时尚的居家氛围。他们希望设计师能够营造出温馨舒适的感觉，在此基础上，呈现功能和细节。

户型分析：

● 户型优点：

　　1. 南北通透，且室内墙体不多，使得空间格局不受约束，更有利于分隔出业主想要的功能空间。

　　2. 主卧、儿童房采光充足。

● 户型缺陷及弥补方式：

　　1. 此户型靠南，采光较好，可以考虑在朝南的方向设置儿童房。

　　2. 次卫的空间不够大，使得沐浴区的布置有些局促。

　　3. 工人房的空间太小，居住和使用起来很不方便。

● **解决方法：**

1. 通过新建隔墙对整体空间进行分割处理，分割出客厅、餐厅、书房和儿童房，将儿童房安排在户型的南向。

2. 设计师将次卫淋浴区的隔墙向主卫的方向挪移，从而使得次卫也拥有淋浴的功能。

3. 把工人房的隔墙向外侧移动，扩大此处的空间，也能让工人的起居得到充分的保障。

● **设计思路：**

　　业主是一对三十岁左右的夫妻，比较喜欢干净利落的风格，同时也要呈现出家居的时尚感。设计师前期与业主沟通了三到四次，协商一致后，最终将方案确定为现代简约风格，主题为"微光"，寓意如晨光般温馨宁静，清新养眼却又不失温暖。

　　入门玄关处根据入户子母门的特性，设计师在母门一侧做了玄关柜，另一侧为厨房入口，既照顾到出入户时玄关柜的使用，又使得此处的动线更为流畅，使生活更为便利。

　　玄关尽头放置胡桃木色端景柜，既营造了视觉上的美感，又使得餐厅和客厅空间得以区分；地面的两圈波打线进一步强化了空间分区，又营造出形式上的美感。

　　在造型设计上，餐厅地面圆形双线窄边波打线与顶部圆形灯池跌级吊顶相互呼应，而客厅地面方形双线窄边波打线与顶部方形灯池跌级吊顶相互呼应，进一步提升了空间的质感。客厅电视背景墙利用石膏板做了三个边框造型，搭配暖灰色麻布质感壁布和时尚皮质纹理，温馨又不失个性。家具的选择可圈可点，餐厅中暖黄色的石材餐桌和

灰白色的餐椅营造了一种明快干净的感觉，客厅则选用了深蓝灰色棉质沙发和胡桃木色茶几，而电视柜侧边的皮质纹理钢琴凳和黑色的钢琴则营造出端庄时尚的氛围。

　　书房使用暖色地板通铺，书桌书柜均采用胡桃木色，与墙面的暖灰色调形成对比，更显稳重；墙面的后现代风格挂画则跳跃性十足，调节了空间的气氛，在这里静心阅读定会获益匪浅。

　　主卧原始空间较大，根据业主的需求做了地台式的休息区。卧室的家具都采用白色色调，与周边暖灰壁布相呼应，顶部的灯带跌级吊顶与床头背景墙的边框造型相呼应，再搭配地面通铺的暖色地板，仿佛整个空间徜徉在微光之中，明艳动人，又生机勃勃。

王少君 / 主任级设计师
业之峰装饰石家庄分公司

主要作品：

上山间私人别墅、原河名墅、国际城四期、远见、维多利亚时代、建投十号院、公园首府、奥北公元等。

个人介绍：

从业年龄： 6 年

毕业院校： 河北工业职业技术学院

工作经历： 2010 年获第三十六届学院室内设计大赛一等奖，作品留校。

2011 年获第三十七届学院室内设计大赛特殊创意奖，并代表学院外出学习考察，作品留校。

2012 年获第三届中国国际空间环境艺术设计大赛（筑巢奖）学生赛优秀奖。

2013 年成为业之峰华北环保设计院成员，任主任级设计师。

2014 年获绿色家居优秀奖，作品在河北体育馆展出。

2015 年任业之峰集团五星级服务设计师。

2016 年进入中国设想大赛 200 强。

近年，法式轻奢的设计风格受到很多业主的推崇。法式轻奢风格，从简单到繁杂，从整体到局部，无不精雕细琢。它一方面保留了材质、色彩的大致风格，可以很强烈地感受到传统的历史痕迹与浑厚的文化底蕴，另一方面又摒弃了过于复杂的肌理和装饰，简化了线条，更适宜现代人的居住。本期为读者介绍一套石家庄保利花园的设计方案，看设计师如何演绎法式轻奢风格。

案例信息：

面积：130m²

户型：三室两厅两卫

风格：法式轻奢

材料：轻钢龙骨吊顶、墙面石材、成品 pu 线、壁纸等。

客户需求：

业主是一对爱家的 80 后，有个六岁的小男孩。

男主人希望空间呈现的风格既温馨实用又轻松舒适，装饰上希望多使用石材，家具喜欢轻奢法式风格。

女主人期待的家，要有足够的储物空间。

夫妻二人希望能够把儿童房打造出一种自由活泼的氛围，更有利于孩子的成长。

户型分析：

● **户型优点：**

1. 全明设计，南北通透，既能充分采光，又有利于室内空气流通。

2. 主卧室朝南，采光、通风性良好，视线通透。

3. 大客厅满足会客、休闲等公共性场所功能；超大的开间使客厅的空间感增强，采光效果更好。

4. 主卧在走廊尽头，确保私密性；主卧中拥有独立卫浴间，使用便捷。

● 户型缺陷及弥补方式：

缺陷一：客厅阳台的使用面积过小，阳台垭口影响客厅的通透性。

解决办法：将客厅阳台垭口的两堵墙拆除。设计师利用吊顶和地面将客厅与阳台区分开，在阳台起了地台，在地台上放了书桌。

缺陷二：主卧放衣柜的位置进深不够，飘窗没有被充分利用。

解决办法：将主卧门口整体向北侧移动，将留做柜子的位置进深加大；同时拆掉原有的飘窗，做成矮柜。

缺陷三：男孩房原有的空间显得局促且结构不够合理。

解决办法：把门口原有的墙打掉，门口往南移。设计师利用改造后的空间做了榻榻米，然后把书桌跟衣柜做了一体化设计。

● 设计思路：

　　设计师通过倾听业主的需求，并充分考虑业主的性格特点，将整体风格定位为法式轻奢风。法式轻奢风格在沿承了欧式风格最具特色的优雅和浪漫气质的同时，也摒弃了传统洛可可风格中的繁复、冗杂的元素，更加注重"轻盈、舒适、时尚"的表达，从而愈加符合现代人对现代生活的理解。

　　本案在布局造型上讲求对称，彰显仪式感；色彩上注重对比，浅色丝光质感墙纸及深色墙纸的搭配提升了整体的质感，经营出清新浪漫的环境。设计师希望业主能够感受到暖至心底的温馨，在时光荏苒中，静下心来，慢慢享受这份浪漫情调。

　　空间里的每一个细节都不简单。桌子和椅子的迷人线条和精巧的雕花、墙纸的图案以及墙壁的优美脉络都在诉说着主人对待生活的那份认真和美妙构想。值得注意的是，空间的每一个角落都充满典型的法式浪漫，对比英式风格的隆重及雍容华贵，这种浪漫感就显得轻松和生活化多了。在这其中，花纹与花朵是不可缺少的组成元素，布偶、蜡烛和大量挂画，尤其是多样的迷人线条如同成了蔓延在整个空间的音符，游走在空气里。如果你精于想象，那就不难感觉到这里似乎时时都在开着宴会，仿佛可以听到维瓦尔第的音乐在不停地鸣奏。

走出定制家具的误区

个性化定制风潮日益流行。殊不知，并不是所有的家具都要定制。对装修小白来说，一味追求标新立异的定制家具，却忽略了实际使用及后续维修等问题，这样就显得得不偿失了。本篇为读者讲解如何避免定制家具的种种误区。

误区一：所有的家具都定制

1. 所有家具都可以定制吗？

定制产品主要是针对解决一些空间利用比较困难、对收纳需求比较私人化、尺寸与标准固定尺寸不同的用户，典型的例子是衣柜或衣帽间。定制家具能更好地遮挡梁柱，更好地利用高处的空间。对于那些对空间尺度要求不高的家具（如沙发、茶几、椅子这类），以及那些尺寸相对固定，差别不大的家具（例如床、桌子这类），成品都是更好的选择。

成品家具是同款式同规格同材质的产品，工厂可以大批量地生产，在原料、流程、品控以及后期的安装上，成本都比定制家具相对要低。定制家具都是单个订单来拆分、下料、生产、试装、安装，每单都不一样，无法流水线大批量生产，所以价格方面，定制家具更贵。

2. 定制家具等于随意设计？

定制并不等于随意。目前的定制，一般是用户在固有工艺上自由选择材质、颜色、线条、装饰、五金等，若用户有自己设计的新款式又符合生产条件的另当别论。比如定制一个美式的实木衣柜，选材质＋选颜色＋选门板造型＋选线条造型＋选罗马柱造型＋选其他装饰＋选柜内空间利用方案＋选五金配件，基本上整个衣柜就出来了。产品无法跳脱工厂已有工艺和已有造型的限制。

3. 整体家具就是定制家具吗？

概念不对等。整体家具是提供一个整体家居设计方案，并在施工过程中监督实施细节，完成设计后再根据需要提供订制家具服务，而整体家具不仅包括简单的衣柜、书柜等定制，也包括其他成品产品。

误区二：定制家具越早规划越好、越多越好？

1. 装修前就确定定制家具？

　　一般来讲，设计师会建议业主在大部分装修完成之后再决定定制家具的选择。有的业主为了加快进程，常在硬装完成后就开始定制产品，然而装修后实际出来的整体风格对家具的选择十分重要，所以定制家具前最好先完成基本的整体装修。

2. 定制，就是要将所有空间都装上柜子

　　柜类产品是定制家具的主流，但不是全部。现在不只小户型，就连大平层，甚至别墅，都会强调各种收纳，不允许家里有任何留空的区域。有足够的收纳空间是好事，但是柜子太多反而会造成拥挤不堪和动线局促的感觉，这与定制家具的本意背道而驰。其次，定制家具大多是固装家具，想要挪动位置，或者想要换一个，比较麻烦，会对原来的柜子造成比较大的破坏。欠缺灵活性，也算是定制家具的一个缺点。

3. 既然定制，那就颜色、款式都一样！

　　不少用户喜欢统一颜色和款式的定制家具，省事儿又显得风格统一，尤其是不懂搭配的业主更喜欢这样做。实际上像实木定制这类产品，全屋同款是件很可怕的事情，这样规划会令空间失去层次感甚至令人感觉压抑。其实浑然一体的效果并不是同一个颜色占据大部分的空间，在颜色的搭配上，可以请设计师帮忙。

误区三：定制家具，全部由设计师搞定！

1. 展厅效果 ≠ 实际效果

不少用户是通过展厅或者 3D 展示来选择定制参数的，其实展厅显示效果和实际效果还是有差别的。展厅没有布局、间隔、层高上的限制，所以实际施工时不用强求展厅的效果。

2. 定制家具，只提要求就好，剩下的全不管！

每个人的物品数量、收纳习惯、动作方式都是不相同的。年轻小两口希望衣柜有更多的挂放区，衣柜要有合理清晰的分区；上了年纪的老人更习惯叠放和使用斗柜，但是他们腰腿没有年轻人那么灵便，所以设计要让使用更容易，减少低头弯腰情况的出现。

在正式签定制家具合同前，可以仔细梳理一下家人的定制需求，有多少衣服、鞋子、书籍等，都习惯怎样放置、怎样取用，要向设计师详尽地描述。之后设计师会把方案做好，交给业主来看，这时要认真审阅，不要放过任何一个细节。

3. 华而不实而忽略合理性！

在选择定制家具的时候，所有材料的增加与减少都应该符合设计原理，要参考设计师的意见，考虑到支撑、实用和功能，不能一厢情愿地彰显个性，要注重合理性。

误区四：定制家具设计好后，完全交给厂家。

1. 什么都不管全交给厂家

这是许多懒人的做法，也是引发许多悲催后遗症的做法。定制家具的用户应该有这样一个意识：尊重厂家的专业性，同时也要注意监工和施工对接的问题，及时跟进沟通以便随时做出调整。比如收不了的边、盖不住的口，以及怎么都装不平的线条。所谓差之毫厘、谬以千里，在安装的时候就全部显现出来了。比如一个阴角，如果角度不是刚刚好的90°，柜子在安装的时候，就没法紧贴墙面装平，侧立板与墙面之间，一定会有很大的缝隙。

2. 定制合同没有细看条款

确定定制家具之后就要看清楚合同条款，内容要尽量详细，双方的权利和义务、付款方式、安装流程、厂家承诺的保修服务、售后服务等，特别要关注的是与材料厚度数值相关的数据、产品所用材质、安装方式及交货时间、售后服务这几项。

3. 对工种没有严格要求

定制家具其实也牵涉到硬装的方方面面。定制家具无法独立存在，要与墙体、墙面、顶面、地面、踢脚线、门、门套等项目相匹配。所以，为了整个装修的完成度和最后呈现的品质，务必在基础装修过程中，对各工种严格要求。另外，在水电改造工程中，要记录管线的位置、走向、节点等；如果有新建墙体，请务必确认好墙体的材质，对原始墙体，应向开发商/物业咨询墙体的结构、材质、承重能力等，确保有足够的强度用来固定吊柜、搁板等。

想要定制衣柜，看过来！

> 定制衣柜，是根据个性化要求量身定做的衣柜，美观时尚，功能多，收纳性强。但对首次选购定制衣柜的消费者来说，脑袋里则装满了关于定制衣柜的各种疑问。本篇就从定制衣柜的品牌选择、衣柜设计等方面为读者介绍定制衣柜中的注意事项及方法窍门。

如何设计最为合理

空间设计讲求实用，避免华而不实

要充分利用空间，避免一些花哨的、华而不实的形式上的外观设计，要根据日常生活习惯来进行衣柜内部格局设计和搭配不同的功能件。如果房间面积有限，可以考虑设置顶柜，充分利用空间，存放被褥等大件物品。

门款选择首看装修风格与个人喜好

门款选择，首看个人喜好以及装修风格。其次，选择门的款式，掩门还是趟门。如果房间面积不大，建议选择趟门。无论选择什么款式和材质的门，要多对比细节：如皮纹柜门，要查看皮质是否耐磨耐刮；玻璃柜门，要看柜门的边框工艺是否精良，是宽边框还是窄边框，是否会影响衣柜的整体效果。

可同时定制书柜、电视柜，风格更加统一

书柜、衣柜、电视柜等可配套定制，在家居的风格上更能统一。定制类的产品很多模块可以进行拼接，模块和模块间可选择不同的颜色来进行间隔，满足个性化需求。

室内天花、墙壁、地板装修完毕后再度量尺寸

一般来说，室内的天花、墙壁、地板装修完毕后，开始安装衣柜。因为定制衣柜是量身定制，为了避免度量数据产生误差，要在地板、墙壁、天花全部搞定之后，再进行量尺的工作。

选择经久耐用和符合环保标准的板材

目前来说，大多数品牌采用的板材都是符合国家 E1 级标准的。至于板材的环保标准，目前业内公认最权威的环保证书是"十环认证"，消费者可以此作为辨别依据。

衣柜的功能区分

储藏区

也叫被褥区，根据棉被通常的高度，这个区域通常高400~500mm，宽900mm。这个空间主要存放换季不用的被褥或衣物，由于拿取物品不方便，通常会将衣柜上端设为被褥区，也有利于防潮，增加衣柜收纳空间。

悬挂区

用于挂放熨烫后的衣物、易皱的衣服、西装、外套、长裙、礼服等，使衣物保持最佳状态，不产生折痕。悬挂区分为长衣区和短衣区，长衣区，高度1400~1500mm，不低于1300mm，深度600mm，悬挂风衣、大衣、连衣裙、礼服等长款衣服；短衣区，高度1000~1200mm，用衣架悬挂上衣后，衣服下摆距底板8cm为佳。

叠放区

这个区域可适当设计可拆卸的活动层板，增加灵活性。这个区域主要用于叠放毛衣、T恤、休闲裤等衣物。最好安排在腰到眼睛之间的区域，方便拿取衣物。根据一般衣物折叠后的宽度，柜子宽度330~400mm之间，高度350~400mm。

功能区

功能区分为多个个性功能区间，包括抽屉、格子架、裤架、拉篮、领带夹、伸缩烫衣板和藏式试衣镜等。抽屉宽度400~800mm，高度190mm，存放内衣、袜子、打底衫等。格子架高度160~200mm，存放领带、丝巾、饰品等零碎小物件，方便实用。裤架高度800~100mm，挂杆到底板的距离不少于600mm，选购防滑裤挂防止裤子滑落。

展示区

展示区属于衣柜的画龙点睛之处，可体现主人穿衣和生活品味。展示区可以是开放式的，也可以是玻璃透明式的，开放式区域可以储放收藏品或钥匙钱包等，便于伸手取物。

如何选择品牌

收集信息，明确目标

先上网搜集一下各个品牌的信息与资料，对品牌有一定的了解后，明确购买目标。走访定制衣柜的各个品牌以及市场，了解各个品牌间的标准。

要求出示相关证书

有实力的正规品牌都会有一些相关的资质证明，例如目前环保方面最权威的"十环认证"、"质量管理体系认证证书"以及相关的检验报告等，消费者在选购的时候可以要求店面人员出示这些证明。

注重服务，坚持原厂发货

值得信赖的品牌，不仅要有可靠的产品品质，还要有优质的服务。用户在选购的时候，务必选择原厂加工，生产发货的正品，以免买到冒牌货。

如何选择居家空间
吊顶

卫生间吊顶材料的选择

卫生间吊顶不仅可以弥补原有建筑结构的不足，还极大地丰富了装饰效果，有人形象地将吊顶比作卫生间的帽子。卫生间的装修，选好吊顶材料至关重要。

1.PVC 板和铝扣板

PVC 板材是一种靠挤压成型的材料，有着明显的生产痕迹，变化较少，缺少个性，与室内环境不太协调。铝扣板是用轻质铝材一次冲压成型，外层再使用喷涂漆料，长期使用也不会褪色，色彩丰富，能为居室提供多种选择。铝扣板施工比较简洁，而且安装后不会出现弯曲或中间下坠的情况，确保平衡，可减少因更换而产生的不必要开支。一般面积较小的卫生间可以选择条状的板材，增加空间的开阔感，面积大的房间可以选择各种方形板材。

卫生间的吊顶一般是用层板将所有管位遮挡住，形成平顶吊顶。为了增加吊顶的变化和美感，也可以用以下的处理方式：首先用木板将管位包起，形成假梁，然后在假梁中间加上多块木板，做成多个平行的小梁；在各小梁之间加上铝扣板，使光线从上面透出，这种吊顶设计，不仅遮盖了管道，更凸显梁与板的空间层次感。

2. 市场上品牌多，性价比更重要

　　建材市场上金属吊顶品牌不少，价格从几十元到数百元不等。材质、烤漆工艺、结构三方面决定了金属吊顶的质量。优质铝扣板是以优质铝锭为原料，加入一定的镁、锰、铜、锌、硅等元素，合金是为了提高铝的使用价值，这样既坚固又有良好的韧性。

　　挑选时看几个方面：板面平整度，板与龙骨嵌入时的精确度；是否双面烤漆，有无色差。另外，层高也很关键，如果是比较低矮的房间就不能全吊高顶，否则会有压抑的感觉。

厨房吊顶材料的选择

顶面材料：扣板值得考虑

　　无论天花板选择哪种材质，一定要防火和不变形。目前建材市场供厨房用的天花板材料主要是塑料扣板和铝扣板。其中，塑料扣板价格便宜，但供选择的花色少。铝扣板非常美观，常见的有方板和长条板，喷涂的颜色丰富，选择多。如果采用吸顶灯，把灯镶嵌在天花板里时要注意防火，以防灯产生的热量把天花烤变形。

厨房吊顶材料的价格

PVC 吊顶价格

　　PVC 板，价格在每平方米几十元左右。由于 PVC 板主要用于卫生间或厨房，重量较轻，防水、防潮、防蛀，多为素色。挑选这类材料应注意表面无裂纹或划痕、缺口、凹楔平整。PVC 板的缺点是耐高温性能不强。

铝扣板吊顶材料价格

　　国产铝扣板价格每平方米几十元，进口铝扣板价格在 200 元左右。铝扣板是新型的吊顶材料，卫生间或厨房中应用较多，性能优越，不仅防火、防潮，还能防腐、吸音、隔音，美观耐用。常用的有长方形、正方形，表面有平面和冲孔两种，两者差别主要是硬度，检验铝扣板主要看漆膜光泽厚度。

　　矿棉板吊顶每平方米价格几十元，吸音性能较好，并能吸音、隔热、防火，一般公共场所用得较多，家庭也有使用；PS 板是新型的进口材料，它色彩多样、弹性大、质量轻，因为具有良好的透光性，主要用于发光吊顶，每平方米价格在 100 元至 200 元之间。

阳台吊顶材料的选择

　　阳台吊顶一般分两种情况。如果准备把阳台封掉的话，可以和室内的吊顶材料一样使用轻钢龙骨石膏板吊顶，也可以用塑钢板吊顶。如果不封阳台的话，吊顶材料最好选择桑拿板吊顶，它的优点就是容易适应室内外环境，能够防潮耐高温。

客厅吊顶材料的选择

1. 为什么客厅吊顶用石膏板材料比较好？

石膏板吊顶质地轻盈、价格低廉，施工也比较方便，而且装饰性很强。另外，石膏板吊顶的防潮性比较差，不适宜放在厨房、卫生间等家居空间，卫生间、厨房等区域用防火、防潮性能很好的铝扣板比较适宜。

2. 客厅吊顶用哪种石膏板吊顶较好？

石膏板吊顶分为轻钢龙骨石膏板吊顶和木龙骨石膏板吊顶。客厅如果需要全部吊顶，采用轻钢龙骨吊顶比较好，如果家里是别墅也需选择轻钢龙骨吊顶，一般中型或是小型客厅采用木龙骨石膏板吊板。石膏板天花材料不仅便宜，而且最重要的是能够制作的吊顶样式多，也适合了客厅吊顶灵活多变的要求。

如何运用"色彩"选择设计师

你可能遇到过这样的设计师：他穿着时尚，又十分健谈，有着天马行空的创意，让你又爱又恨。爱的是只有他才能给你想要的设计效果；恨的是约好见面的时间，他总会迟到，让你无法舍弃。

你也可能遇到过这样的设计师：他对你家庭的人口、兴趣、爱好、职业，甚至你很久之前说的一句话，都清楚地记得。他会与你一一核对各种细节，力求符合你的所有需求。因为他的严谨，与他相处你会非常放心，但也会因为他的步步精心而让你略显拘谨。

也会有这样的设计师：他会根据你的需求，最先给你一份大概的预算，再决定你们是否继续合作。这种价格至上的合作，可能让你知难而退，也可能让你对他的能力提出质疑。总之，你们之间衡量标准发生变化时，关系也就随之改变，也许最后会变成不适合。

大多数人喜欢的，大概是这样的设计师：我可以虐你千百遍，但你必须待我如初恋。有能力、有品位、专业还投缘。这种设计师可能多数时候可遇不可求。那么作为家居设计的灵魂、无所不能的设计师，究竟该如何选择呢？不如试试"色彩"吧！

COLOR

才思敏捷　有创造力

热情洋溢　追求快乐

积极开朗　幽默生动

富有童心　生动活泼

天真有趣　表现力强

乐于助人

乐仔 —— 红色性格

[爱好] 表演、派对
[梦想] 环游世界
[性格能量源] 红色

时尚创意的红色设计师

　　如果他属于红色设计师，你们之间的交流大概是这样的："先生，关于你家的设计稿、效果图我已经按照您的要求修改了 5 次，您看这效果一次不如一次。如果再这样，肯定会影响最终的效果，那我就不管了，您也别说是我设计的。"

红色设计师的沟通特点：

　　他非常有设计想法，比较注重个人形象，甚至他的想法和点子，是所有设计师中最佳的。他比较注重与客户沟通的第一感觉，沟通方式情绪化、私人化，你时常用夸张的语气和修辞。

客户应对要点：多聆听。

　　可以这么回答："您说得太对了，早就应该听您的。但是您看我们买一套房子也不容易，就是想看看有没有更好的设计方案。浪费您这么久的时间，非常不好意思。那咱们还是按照您的第一套方案来施工，您看怎么样？"

　　客户这样说完后，设计师会非常高兴，他还会觉得是自己没有做好。

GULES

成熟稳重
深思熟虑
一丝不苟
追求卓越
独立思考
严格守时
善于分析
关注细节
尽忠职守
低调内敛
注重承诺

智仔 —— 蓝色性格

[爱好] 沉思、钻研
[梦想] 献身科研
[性格能量源] 蓝色

注重承诺的蓝色设计师

　　如果面对的是蓝色设计师，追求新奇特的创意也许并不讨好，因为对蓝色设计师而言，在所有的需求中，安全才是第一位的。

　　蓝色设计师与客户沟通是这样的："我家的卫生间虽小，没有窗户，但我还是想要一个浴缸，每天可以看见自然光。厨房虽然不大，但是我和家里人非常喜欢在早餐台上分享快乐。我们暂时想到的就这些，不足的地方，还希望设计师多替我们考虑。大概多久可以出设计稿呢？"

　　"先生，你的这些想法都很好。但是卫生间想要增加浴缸，按照现有格局是没有办法实现的，只能动墙体啦。那样的话会涉及两个方面的问题：1. 动完墙体后增加面积需要做防水，但我不能保证日后是否能安全使用；2. 下水也需要改动，改动过后我担心日后使用会有堵塞的风险。"

蓝色设计师的沟通特点：

　　逻辑缜密、客观、理性、冷静。前期跟您沟通会特别细致，会问到家中所有的情况。他最大的特点是极度追求完美，如果你也追求完美，可以说是一拍即合。蓝色设计师非常的细心，他会记得你提出的每个要求及想法，所以当你遇到这样的设计师，会很省心，因为他会把你没考虑到的生活细节提前考虑到，并融入到他的设计方案中。

客户应对要点：实事求是。

　　不要迟到，因为他是非常注重原则性的人。

—— BLUE ——

高效快速
高度负责
权威在握
坦率直接
居安思危
敢于挑战
锐意进取
目标远大
目标导向
意志坚强
越挫越勇

勇仔 —— 黄色性格

[爱好] 竞赛、探险
[梦想] 成为冠军
[性格能量源] 黄色

不解决问题不罢休的黄色设计师

黄色设计师也许是最不容易打交道的，说话言简意赅，沟通注重结果。

黄色设计师："这个方案就是最好的，我们什么时候签合同？我好安排下一步的工作。"

黄色设计师的沟通特点：

他最大的特点是注重结果。黄色设计师主见性很强，整体的设计非常实用，不会搞太虚、太浮夸的设计想法。在商榷方案的过程中，不太会因为你的感受而改变方案，他会坚持己见，影响你去改变你的想法。所以如果你想从黄色设计师那里听到安慰你的话，恐怕有点难。

客户应对要点：

确认报价、保修期，以及后期服务具体内容。

YELLOW

温和解决问题的绿色设计师

最不怕麻烦的是绿色设计师："先生，你再看看这个设计稿怎么样啊！上次说的那些改动，都在这次方案中体现了。"

绿色设计师的沟通特点：

他最大的特点是乐观、快乐、上进。绿色设计师是超级容易打交道的，你有什么样的设计要求及想法，他都会非常有耐心地帮你慢慢实现。在与绿色设计师的相处过程中，你的设计要求可以随心所欲地提出，因为他是所有颜色设计师当中，性格最好的倾听者。

客户应对要点：

说出自己的需求，比如说出截止时间，让设计师明确该怎么满足自己。

GREEN

淋浴花洒选购攻略

下班之后回到家冲一个畅快淋漓的热水澡，身心都可以得到很好的舒缓。但如果洗澡的时候，花洒出水量少或冷暖不一，都会影响沐浴的心情，所以选购一个优质的花洒很重要。那么，怎样才能买到称心的产品呢？

1. 看表面镀层

花洒表面采用 150° 的镀铬最好，它能在保持高温 1 小时的情况下不起泡、不起皱，即使是 24 小时乙酸盐雾监测也不会腐蚀。所以在挑选时可看其光泽度与平滑度，光亮平滑的花洒则说明质量较好。

2. 看出水方式

由于花洒的内部设计各有不同，所以在挑选花洒时还要注意看出水方式。花洒的出水方式可以根据自己的需要和喜欢方式选择，一般有自然惬意的雨淋式、活力四射的按摩式、舒适温馨的喷雾式、畅快柔和的水柱式、节水状态的滴水式等。

3. 看喷射效果

　　花洒的外表形状看似相同，所以在挑选时务必要看其喷射效果。好的花洒能保证每个细小的喷孔喷射均衡，所以在挑选时可试水，看其喷射水流是否均匀。

4. 花洒节水净水功能

　　淋浴的目的是清洗污垢，现在自来水中含有余氯等有害化学物质，以及传输过程中的二次污染，并不是看着那么干净。选购一款健康的淋浴头，对于家人的健康很重要。净水花洒能有效去除水中的余氯、重金属离子、悬浮污染物、有机微污染物，全方位呵护家人的健康。

5. 看配件

　　花洒的配件会直接影响到使用的舒适度。在选购时，可以检查水管和升降杆是否灵活，花洒连接处是否设有防扭缠的滚球轴承，升降杆上是否安有旋转控制器等。

6. 看阀芯

　　花洒的使用寿命会受到阀芯的直接影响。好的花洒采用的是陶瓷阀芯，平滑无摩擦，在挑选时可以手动扭动开关，以手感舒适、顺滑为佳。

7. 花洒软管

花洒软管是构成整个花洒的重要组成部分。好的花洒软管，都是采用不锈钢外表面，经过出色的电镀，第一眼看到的应该是表面呈纯白的银色，伸缩性较强，包括各个螺纹相接的口之间应该是整齐规则的，螺纹的编织是工整有序的。

好的接口应该采用全铜的材质，包括接口的厚度、里面的实心垫圈、外管的材质，配上较好的硅胶软垫圈，防漏效果极佳。

防腐木如何选择

很多人喜欢在装修中大量使用木制品，可是木材又比较容易腐朽，不防潮还特别容易被蚂蚁等腐蚀。防腐木的出现，打消了人们对木材的不少顾虑。

防腐木，是将普通木材添加人工化学防腐剂，使其具有防腐蚀、防潮、防真菌、防虫蚁、防霉变以及防水等特性。它能够直接接触土壤及潮湿环境，经常使用在户外地板、工程、景观上，供人们歇息和欣赏，是户外地板、园林景观、娱乐设施、木栈道等的理想材料，深受园艺设计师的青睐。随着技术的发展，防腐木已经非常环保，也经常被使用在室内装修中，如地板、家具及其他装饰。

查看相关证明

如果经销商提供的证明越多，越齐全，其产品就越有保障。防腐木材一般应该提供的证明文件：

1. 防腐加压处理生产许可证书（由于防腐剂是需要在特殊防护条件下使用的）

2. 环保证书 (ISO14001)

3. 产品质量认证系统证书 (ISO9001)

4. 商检证明（进口产品）

观察外表质量

从直观上看，木材年轮越细密材质就越好，因为年轮细密说明木材生长缓慢，简单说从切面看上去不那么"糠"的木材，应该是较好的木材。

了解加工质量

可以从木材整体上看是否合规格。一般较薄的板材误差应小于0.5~1mm；较大规格的材料的整体误差也不应大于2mm。一般生产线下的产品，规格整齐基本没有误差，而手工加工的材料则有较大误差，会造成施工难度。此外，对于刨光料，还需看一下表面刨光的质量，以平滑自然的为好。

甄别防腐剂的稳定性

　　木材经过防腐处理后，由于不同防腐剂本身的稳定性差别较大，加压处理后，其在木材中的稳定性也会有较大差别。使用质量不过关的防腐剂，对木材的防腐性能没有太大改善，反而会造成潜在的危害。

　　浸泡水的颜色变化最小的，防腐剂稳定性好。取不同防腐木材的样块（规格相同、含水率相同），分别浸泡在相同温度、相同容积的清水中，经过相同的浸泡时间后，观察水的颜色，颜色变化最小的防腐剂稳定性最好。但这不是一个绝对准确的方法，因为处理时的防腐剂浓度也可能差异较大。

看清加压处理

　　边材充分浸入防腐剂，表面干净均匀为好。从木材切面上看，防腐剂全部浸入边材的质量为好，因为该树种的心材部分具有天然耐久性，但是其他多数树种一般应全部浸入防腐剂。

家设计 HOME DESIGN

教你妙招，选对浴霸

浴霸不仅关乎洗澡时的温暖，还关乎家居安全。选购前需要考虑以下因素，如浴霸的安全性，卫浴间的状况，浴霸的功率大小、材质耐用度以及防水性要求。

如何选浴霸

看性价比

　　一般 4 个灯的浴霸正常售价应在 500 元以上，并根据功能多少和变化上浮，如果低于这个价格就要考虑它的品质了。

安全至上

　　取暖灯泡即红外线石英辐射灯，采用光暖辐射，取暖范围大、升温迅速、效果好，无需预热，瞬间可升温到 23~25℃。浴霸有 2 灯和4 灯的，每个取暖灯泡的功率都是 275W 左右，可单独控制功率，有500W 和 1100W 高低两挡。选购时一定要注意取暖灯是否有足够的安全性，要严格防水、防爆；灯头应采用双螺纹以杜绝脱落。浴霸的取暖灯泡采用新型的内部负压技术，即使灯泡破碎也只会缩为一团，不会危及人身安全。

使用材料和外观上的工艺检查

选购浴霸，还应该注意检查外型工艺水平，要求不锈钢、烤漆件、塑料件、玻璃罩、电镀件镀层等，表面均匀光亮、无脱落、无凹痕或严重划伤、挤压痕迹，外表美观。

根据使用面积和层高选择功率

选购浴霸，要视其使用面积和浴室的层高来确定。现在市面上的浴霸分别有2个、3个和4个取暖灯泡的，适用面积各不相同。以浴室为2.6m的层高来选择，两个灯泡的浴霸适合于4m²左右的浴室，这主要是针对小型卫生间；改个灯的浴霸适合于6~8m²的浴室。

注重装饰性

　　浴霸装在浴室顶部，不占使用空间。最新型浴霸在降低厚度、流线外形和色彩多样化上都更具现代气息，有很好的装饰效果。这种浴霸有蝶形、星形、波浪形、虹形、宫形等多款造型，能为浴室增添时尚气息。

选择智能型浴霸

　　智能型浴霸集取暖、照明、换气、吹风、导风和净化空气为一体；采用内置电过热保护器，当温度合适时，便可自动关机；有的浴霸则有清新负离子器技术，能够源源不断地产生清新负离子，避免空气中的细菌繁殖，让空气更加清新。

浴霸使用注意事项

1. 电源配线系统要规范

浴霸的功率最高可达 1100W 以上，因此安装浴霸的电源配线必须是防水线，最好是不低于 1mm 的多丝铜芯电线。所有电源配线都要走塑料暗管镶在墙内，绝不许有明线设置，浴霸电源控制开关必须是带防水 10A 以上容量的合格产品。

2. 浴霸的厚度不宜太大

消费者在选购时一定要注意浴霸的厚度不能太大，一般在 20cm 左右即可。因为浴霸要安装在顶面上，若想把浴霸装上必须在房顶以下加一层顶，也就是我们常说的吊顶，这样才能使浴霸的后半部分可以夹在两顶中间。如果浴霸太厚，装修就困难了。

3. 应装在浴室的中心部

很多家庭将其安装在浴缸或淋浴位置上方，虽然升温很快但却有安全隐患。因为红外线辐射灯升温快，离得太近容易灼伤人体。正确的方法应该将浴霸安装在浴室顶部的中心位置，或略靠近浴缸的位置，这样既安全又能使功能最大程度地发挥。

4. 工作时禁止用水喷淋

在使用时应该特别注意：尽管浴霸是防水的，但在实际使用时千万不能用水去泼。虽然浴霸的防水灯泡具有防水性能，但机体中的金属配件却做不到这一点，也就是机体中的金属仍然是导电的，如果用水泼的话，会引发电源短路等危险。

5. 保持卫生间清洁干燥

洗浴后，不要马上关掉浴霸，要等浴室内潮气排掉后再关机。平时也要经常保持浴室通风、清洁和干燥，以延长浴霸的使用寿命。

教你选到称心的推拉门

现代的家居理念，越来越倾向于节省空间、可按需定制以及环保实用等方面。滑动推拉门除了能为衣柜、衣帽间提供密封之外，更能为客厅、厨房、阳台等地起到空间分隔和增加私密性的作用。但是推拉门的种类很多，价格差别大，究竟该怎样挑选呢？

关键 1：看型材断面

　　市场上推拉门的型材分为铝镁合金和再生铝两种。高品质推拉门的型材用铝、锶、铜、镁、锰等合金制成，坚韧程度上有很大的优势，而且厚度均能达到 1mm 以上，而品质较低的型材为再生铝，坚韧度和使用年限就降低了。铝镁合金的型材大多使用原色，不加涂层，而有的商家为了以次充好，往往采用再生铝型材表面涂色的方式。因此消费者在选购时，应让商家展示产品型材的断面以了解真实材质。

关键 2：听滑轮震动

推拉门分别有上、下两组滑轮。上滑轮起导向作用，因其装在上部轨道内，消费者选购时往往不重视。好的上滑轮结构相对复杂，不但内有轴承，而且还有铝块将两轮固定，使其定向平稳滑动，几乎没有噪音。消费者在挑选时不要误认为推拉门在滑动时越滑越轻越好，实际上高品质的推拉门在滑动时应带有一定自重，顺滑而没有震动。

关键 3：挑轨道高度

地轨设计的合理性直接影响产品的使用舒适度和使用年限，消费者选购时应选择脚感好，且利于清洁卫生的款式。同时，为了家中老人和小孩的安全，地轨高度以不超过 5mm 为好。

关键4：选安全玻璃

　　除了壁柜门不能用透明玻璃以外，其他推拉门玻璃要占据大部分，玻璃的好坏直接决定门的价格高低。最好选钢化玻璃，碎了不伤人，安全系数高。

关键5：查样品资料

　　市场上推拉门的来源分为三种：国产、国内贴牌和国外进口。国产的五金、型材等原材料都是在国内生产、组装，价位一般在450元／平方米以下；而国内贴牌是指从国外购买某品牌商标的使用权，但产品的五金、型材多为国内生产、组装，价位一般在450~1000元／平方米；国外进口的品牌，五金、型材均为原装进口，产品品质相对较高，价位一般在1000~3500元／平方米。消费者可根据自身的需求进行选择。但由于市场上有些品牌打着进口的旗号，收取不实的价钱，所以在选购进口品牌时，应近距离观察样品的断面和小样，同时查询原产厂家的包装、网站等资料。

雨虹 YUHONG

我专业 你安心
雨虹防水